AF601202

FLORE

OU

Statistique Botanique

DE LA SEINE-INFÉRIEURE,

CONTENANT

LA DESCRIPTION, LES PROPRIÉTÉS MÉDICALES ET ÉCONOMIQUES, ET L'HISTOIRE ABRÉGÉE DES PLANTES DE CE DÉPARTEMENT;

PAR F.-A. POUCHET,

DOCTEUR EN MÉDECINE,

Professeur d'Histoire naturelle au Jardin Botanique de Rouen,
Membre de l'Académie royale des Sciences, Belles-Lettres et Arts de cette ville, etc., etc.

TOME PREMIER.

FLORE DIFFÉRENCIELLE.

ROUEN,

F. BAUDRY, IMPRIMEUR DU ROI,
RUE DES CARMES, N°. 20.

1834.

A Monsieur

ACHILLE RICHARD,

CHEVALIER DE LA LÉGION-D'HONNEUR,

MEMBRE DE L'INSTITUT,

PROFESSEUR DE BOTANIQUE A LA FACULTÉ DE MÉDECINE DE PARIS, ETC., ETC.

Comme une faible marque de la reconnaissance de l'Auteur.

FÉLIX POUCHET.

Préface.

Une Flore n'est destinée qu'aux personnes qui commencent l'étude des plantes d'une localité ; aussi le mérite d'un semblable livre est d'être simple pour faciliter leurs recherches, et utile pour guider leurs premiers pas. Cependant on doit s'efforcer d'y tracer la marche philosophique de la science, non en y inscrivant, sans discernement, toutes ses découvertes, par un vain désir de paraître progressif, mais seulement en mentionnant celles qui sont ingénieuses et savantes.

Nous avons marché dans une direction tout-à-fait différente de celle que suivent les auteurs de Flores, qui, généralement, ne s'estiment heureux que lorsqu'ils produisent un ouvrage renfermant plus d'espèces que ceux de leurs prédécesseurs. Dans beaucoup de pays, aucun libraire ne voudrait même se charger de qu'avec notre traité on peut en rester aux travaux Linnéens ou avancer avec les modernes.

Quand on observe la nature avec une laborieuse attention, il est impossible de ne pas admettre qu'il s'opère dans les végétaux d'énormes changemens selon les circonstances au milieu desquelles ils se trouvent plongés, et que ceux-ci sont tels, qu'un grand nombre des espèces établies ne sont que des variétés d'une seule et même espèce produites par la combinaison des impressions du sol, de l'eau, de l'air et de la lumière; nous avons eu l'occasion de remarquer nous-mêmes ces faits dans les genres *Myosotis, Digitalis, Anthemis, Hieracium, Fumaria, Arenaria*, et de les apprécier, avec M. Marquis, sur les *Verbascum, Ranunculus*, etc., etc. M. De Mirbel n'est pas éloigné d'admettre que toutes les espèces de Saules dérivent d'un type unique modifié par le tems et les rapports extérieurs. Nous avons été à même de reconnaître la justesse de beaucoup d'observations faites par M. Raspail sur les transformations des graminées ; aussi, en caractérisant les espèces, nous n'entendons pas affirmer que celles-ci soient issues de parens semblables à elles : nous avons seulement décrit un état des plantes données, auquel les botanistes imposent un nom particulier. Mais ici nous professons que leurs dénominations ont souvent varié selon les formes diverses de la progéniture émanée d'une même souche. Si nous avions consacré de plus longues années à l'observation de la généalogie des espèces de notre département, nous eussions bien autrement diminué le nombre de celles qui ont été établies par nos devanciers; mais, dans notre Flore, nous nous sommes simplement bornés à faire des variétés quand les individus se rapprochaient d'un type, et nous avons décrit comme espèces différentes des plantes ne formant aussi que des variétés produites par les ramifications d'un même arbre généalogique, mais qui, se trouvant puissamment modifiées, méritaient, à cause de cela, d'avoir un titre spécial dans un ouvrage de cette nature.

En lisant des descriptions de plantes, on est souvent étonné des divergences des auteurs. Il en est qui décrivent certains organes comme divisés, d'autres les disent entiers. C'est souvent pour ne pas les avoir observés dans leur intégrité qu'ils ont commis des erreurs, les uns les ayant pris jeunes, les autres les ayant étudiés altérés par l'âge. C'est ce qui est communément arrivé pour les graminées. La structure des valves de ces végétaux, difficile à bien voir, avait été généralement négligée par les descripteurs ; Schreber, Palissot de Beauvois, MM. R. Brown et Raspail, seuls, se sont servis de ces organes avec avantage. Nous les avons imités ; et poursuivant cette analyse avec une patience que nous avons vue couronnée de succès, nous sommes parvenus à déterminer la forme exacte des valves de certaines espèces, en discernant ce qui tient à leurs déchiremens accidentels. C'est ainsi que nous avons obtenu des résultats satisfaisans pour différencier quelques graminées assez obscurément déterminées auparavant.

Contre l'opinion de quelques botanistes, nos observations nous mènent à penser que le sommet des valves de ces plantes offre de bons caractères, mais il faut mettre beaucoup d'attention dans son examen. Il est très-vrai qu'avec l'âge il se déchire parfois irrégulièrement et imite des dentelures : de là ces divergences qui existent dans les descriptions, et dont nous venons de parler. Pour obtenir des données exactes, il faut observer les fleurs au moment de leur épanouissement, ou reconstruire par la pensée la sommité de l'écaille lorsqu'elle est altérée, ce qui est facile avec des instrumens d'optique, quand on a la moindre habitude de l'observation. C'est en considérant la ligule avec la même attention, et en discernant son état normal de ses déchirures accidentelles, que nous sommes arrivé à en obtenir, dans beaucoup de cas, de bons caractères spécifiques.

La composition chimique du sol est fort essentielle à noter dans une Flore, à cause de son influence sur les végétaux ; aussi nous avons dû parfois la décrire avec soin. Des savans adonnés aux études géologiques ont avancé que la nature des roches sur lesquelles se trouvent superposées les couches de terre végétale, devait puissamment influer sur la production des plantes. Nous, plus amateurs d'observations que de théories, nous nous sommes convaincus que l'influence du sol se réduit à celle de la masse dans laquelle se trouvent plongées les racines des végétaux ; aussi, sur des terrains fort différens, quand la superficie du sol était identique, nous avons vu les mêmes tribus de plantes se présenter ; c'est ainsi que nous découvrions à la fois de vastes tapis d'Héliotropes, de Dentelaires et de Scilles, sur les sables des rivages d'Afrique, et que nous voyions ces mêmes plantes se présenter sur les terrains schisteux des montagnes conduisant à l'Atlas ; dans le cratère sulfureux de la Solfatare, végètent les mêmes espèces que sur les montagnes calcaires environnantes; sur la domite de l'Auvergne, s'entassent des végétaux que l'on rencontre également sur le sol mince qui recouvre les traînées de laves des anciens volcans de cette contrée.

Certaines plantes affrontent même l'influence de la nature chimique du sol dans lequel se ramifient leurs racines, et prospèrent également dans presque tous les terrains minéralogiques.

Mais si la nature des roches sur lesquelles se trouve étendu le sol végétal n'influe point sur la production des diverses zones de plantes, ordinairement les mêmes espèces subissent de grandes modifications par l'action des circonstances environnantes : le sol, la lumière, le calorique, l'eau et l'air agissent puissamment sur leurs divers organes, et leur impriment des modifications si profondes, que souvent des végétaux deviennent méconnaissables pour l'œil le plus exercé. Les savans qui mettent leur réputation dans le nombre des espèces qu'ils créent, peuvent alors en faire un grand nombre avec une seule; mais les botanistes philosophes ont bientôt tari leur bonheur en sapant toutes ces créations imaginaires.

La manière dont herborisent la plupart de ceux qui se livrent à l'étude de la botanique, contribue beaucoup à entraver la marche de cette science. Les amateurs d'espèces font d'énormes courses pour trouver des individus *bien caractérisés*, tirés des localités où ils offrent toute la série de formes que leur assigne tel ou tel *botanicon ;* puis ils dédaignent cette masse d'échantillons que foulent leurs pieds sur un sol trop maigre ou trop humide ; ceux-ci leur semblent autant de monstruosités indignes de fixer leur attention. Cependant ce sont ces individus, en apparence indignes d'être observés, dont l'étude aurait révélé plus de propositions intéressantes pour la science, en dévoilant des analogies susceptibles de faire introduire des modifications dans le nombre des espèces ou dans les descriptions génériques. — Ces prétendues anomalies que l'on voit les collecteurs rejeter dédaigneusement, parce qu'ils ne peuvent les classer parmi les *identités* que les livres décrivent, devraient être pour eux d'un haut enseignement philosophique : cependant elles parviennent rarement à attirer leurs regards. Nous, au contraire, nous ne pouvons trop engager ceux qui herborisent à considérer ces variétés ; ils y trouveront pour leurs études d'utiles révélations.

Avant d'entreprendre ce travail, nous avons longtems cherché tout ce qui devait le rendre complet. Herborisant depuis six ans avec un grand nombre d'élèves, questionné par eux au milieu des champs, il nous a été possible d'apprécier quelles étaient les connaissances qui leur manquaient, et sur lesquelles il était nécessaire que nous nous étendissions dans cet ouvrage. Souvent interrogé par eux sur l'étymologie des noms, sur les propriétés et l'historique des plantes, nous avons cru devoir faire entrer ces différentes connaissances dans cette Flore; d'ailleurs elles s'enchaînent ensemble : l'étymologie explique parfois les propriétés des végétaux, ou bien elle forme un fragment de leur histoire.

Pour les noms, nous avons choisi ceux qui semblaient les mieux adaptés aux plantes et qui pouvaient contribuer à les faire reconnaître, et cela sans considérer l'époque de leur création, ni l'autorité des botanistes qui les leur avaient imposés. Mais nous avons eu soin de mettre ensuite la synonymie la plus importante à savoir. Nous ne nous sommes guère attaché à nommer les pays dans lesquels on trouve certaines plantes, ayant eu l'occasion d'apprécier que cela donnait lieu à des erreurs parmi les élèves, qui rapportent souvent à l'espèce indiquée comme spéciale dans un endroit, les autres espèces de ce même genre, qu'en son absence ils y ont trouvées. Cependant, quand la zone végétale est fort circonscrite ou n'offre qu'une espèce unique, nous l'avons toujours indiquée ; cela devenait alors indispensable.

Nous avons surtout mis nos soins dans l'examen des plantes et dans leur description ; cela nous a fourni les moyens de rectifier un grand nombre d'erreurs échappées à certains auteurs qui paraissent n'avoir nullement examiné les espèces qu'ils ont décrites, car tantôt leur formule générique exclut certaines espèces que plus loin ils rangent dans le genre, d'autres fois les noms qu'ils donnent aux organes, quand ceux-ci en ont reçu plusieurs, ne correspondent point à ceux qu'ils adoptent en décrivant leurs généralités, et viennent déposer que ce n'est point sur la nature, et avec un plan arrêté, que leurs descriptions ont été faites, mais avec des auteurs différens, dont inconsidérément ils ont suivi la synonymie vacillante.

Les élèves se plaignent que, dans les Flores des botanistes, lorsqu'ils ont une plante à chercher, la multiplicité des caractères leur fait souvent perdre de vue ceux de l'espèce qu'ils veulent trouver. Pour obvier à cet inconvénient, ils demandent, depuis de longues années, un tableau qui leur indique en peu de mots les caractères avec lesquels on peut distinguer une espèce d'avec ses congénères. C'est pour satisfaire à ce désir que nous avons confectionné la petite Flore différentielle qui précède la Flore descriptive; elle servira, dans les champs, à trouver le nom, des végétaux, tout en marchant; puis, par le chiffre qui est situé à l'extrémité de chaque genre, le botaniste pourra se reporter à la Flore descriptive, afin d'y étudier ses plantes et de les vérifier; cette dernière lui offrira une espèce de contre-épreuve à la dénomination qu'il aura trouvée dans la Flore différentielle.

Le système de Linnée étant plus facile pour ceux qui commencent l'étude de la botanique, nous avons dû l'adopter dans la Flore différentielle; mais pour ne point perdre les analogies qu'offrent les végétaux, la Flore descriptive a été faite d'après une méthode naturelle. Nous avons suivi celle de MM. Marquis et Loiseleur-Deslongchamps, qui est fondée sur les rapports de l'ovaire et du périanthe, et qui est d'une application facile; seulement nous l'avons retournée pour nous conformer à l'usage le plus communément répandu depuis Ray, qui consiste à placer à la tête du règne végétal les plantes les plus simplement organisées, usage qu'ont adopté Boerhaave, Adanson et le célèbre A.-L. De Jussieu. Cette disposition permet de suivre la filiation du règne végétal et du règne animal quand on étudie celui-ci selon le décroissement de l'organisme, ce qui correspond aux idées que nous professons en zoologie.

Dans notre Flore différentielle, nous avons préféré la disposition successive à la forme de tableaux synoptiques, car ceux-ci renvoyant d'un alinéa à l'autre, ou à des numéros, offrent une grande aridité à compulser. On n'en est guère récompensé par la rapidité de la recherche, et l'on y perd en éloignant des plantes qui doivent être rapprochées à cause de leurs rapports naturels. Souvent même, en se portant d'un endroit à l'autre, on oublie le caractère fondamental d'où on est parti, et qui doit être le guide de la recherche; alors, si on veut y recourir, ce n'est qu'avec peine qu'on le retrouve.

Dans la partie différentielle, nous avons tout disposé arbitrairement, mais seulement dans l'ordre qui nous a paru le plus facile pour trouver à l'instant le nom de la plante que l'on cherche. Nous n'avons pas même dédaigné de nous servir de la coloration pour scinder les genres. Dans quelques uns, pour faciliter les recherches, rompant même l'harmonie de la filiation des espèces, nous n'avons suivi pour l'arrangement que l'ordre de leur abondance dans nos localités. Nous le confessons, dans cette partie de notre travail nous n'avons visé qu'à faire trouver à l'instant chaque plante inconnue qu'offre le sol. Nous serons heureux si à l'aide de cette dissociation arbitraire nous avons réussi. Quelquefois, enfin, pour obtenir la brièveté, première qualité d'un semblable travail, nous avons été obligés d'employer des caractères tout particuliers pour différencier des genres, et qui cependant ne sont point les caractères qu'on doit leur donner dans une méthode où ils se trouvent en harmonie avec leurs analogues : c'était une nécessité dans une division systématique. L'élève, en compulsant dans sa course cet abrégé différentiel, y trouvera facilement les noms des végétaux ; cependant, quelquefois, malgré tous nos soins, les variétés d'une espèce pourront rendre sa recherche difficile, peut-être même stérile, car il est des exceptions à l'aphorisme enchanteur de Linnée : *Dicat ipsa planta suum nomen suamque historiam.*

Les caractères différentiels de la petite Flore semblent souvent on ne peut plus disparates ; cela est dû à ce qu'il fallait non seulement donner à chaque plante ceux qui lui sont propres, mais qu'il était nécessaire aussi de lui ajouter certains caractères d'exclusion pour qu'on ne confondît pas avec elle des espèces voisines.

Les dénominations scientifiques nouvelles, quand elles sont significatives et faciles à entendre, sont souvent d'un grand avantage pour la science ; mais on ne doit cependant les employer qu'avec une extrême réserve dans les ouvrages offerts à ceux qui commencent son étude ; leur longueur, leur défaut d'harmonie, la difficulté d'en concevoir le sens, sont autant d'obstacles. Cependant nous nous sommes déterminé à employer un assez grand nombre de mots nouveaux ; mais tous, faciles à entendre, sont empruntés à d'autres sections des sciences naturelles, ou créés par nous. Notre seul but a été de simplifier nos descriptions et de leur donner un laconisme toujours désirable, et qui se rapprochât de celui de la langue scientifique.

M. Leturquier-Deslongchamp, savant laborieux, a accompli une grande œuvre en rassemblant les espèces décrites dans sa Flore. Nous, nous marchons sous d'autres inspirations : nous cherchons à les décrire avec exactitude, en nous basant sur les connaissances anatomiques et physiologiques, de notre époque. C'est en suivant cette même direction que bientôt nous ferons connaître quelques sections de notre Faune départementale : déjà notre travail est presque terminé pour les mollusques.

Quelques personnes, en nous communiquant des plantes, nous ont mis à même de rendre notre Flore plus riche ; aussi nous ne devons pas terminer cette préface sans leur en témoigner notre vive reconnaissance : tels sont MM. Bottin, Bourlet, Dalmenesche, Al. Dubreuil, Greley, Grenier, E. Lemire, Perrin, Riard, Samson. Nous avons surtout à remercier M. Deboutteville, directeur de l'Asile des Aliénés, de Rouen, qui a mis généreusement son herbier à notre disposition ; ainsi que M. Duboc, du Havre, qui s'occupe de la science avec distinction, et auquel nous devons de nombreuses plantes de nos rivages.

FLORE DIFFÉRENTIELLE.

FLORE

OU

STATISTIQUE BOTANIQUE

DE LA SEINE-INFÉRIEURE.

PREMIÈRE CLASSE.

MONANDRIE.

MONOGYNIE.

SALICORNIA. Calice renflé, entourant le fruit. Corolle nulle.

S. herbacea.

Tige à articulations comprimées au sommet.

HIPPURIS. Calice très-petit, adhérent. Corolle nulle.

H. vulgaris.

Tige cylindrique, sillonnée.

DIGYNIE.

CALLITRICHE. Calice nul. Corolle bipétale.

C. aquatica.

Fleurs d'un blanc sale.

DEUXIÈME CLASSE.

DIANDRIE.

MONOGYNIE.

LIGUSTRUM. Corolle infundibuliforme. Baie.

L. vulgare.

Arbrisseau à fleurs blanches.

SYRINGA. Corolle tubuleuse. Capsule bivalve.

S. vulgaris.

Arbrisseau à fleurs violettes, pâles.

CIRCÆA. Corolle bipétale. Capsule pyriforme.

C. Lutetiana.

Fleurs blanches mêlées de rose.

VERONICA. Corol. rotacée, quadrilobée, bleue, parfois très-pâle.

* *Fleurs en grappe ou en épi.*

V. officinalis.

Feuilles sessiles, dentées. Épi axillaire.

V. spicata.

Feuilles crénelées. Épi terminal.

V. beccabunga.

Tige glabre, couchée. Feuilles ovales. Grappes axillaires.

V. anagallis.

Tige dressée, fistuleuse. Feuilles lancéolées.

V. scutellata.

Tige grêle. Feuilles linéaires.

V. teucrium.

Feuilles supérieures subpinnatifides. Calice à cinq dents inégales.

V. montana.

Tige rampante. Feuilles pétiolées, dentées en scie profondément.

V. chamædris.

Tige à deux rangs de poils opposés.

** *Fleurs solitaires.*

V. agrestis.

Tige rameuse à la base. Feuilles toutes lobées, semblables.

V. arvensis.

Feuilles inférieures cordiformes, les florales lancéolées.

V. serpyllifolia.

Tige simple. Inflorescence terminale, spiciforme. Calice à divisions ovales.

V. hederæfolia.

Divisions calicinales cordiformes, grandes, ciliées.

V. triphyllos.

Feuilles supérieures profondément lobées, à trois ou cinq divisions.

V. acinifolia.

Tige rameuse. Feuilles velues, les inférieures ovées, crénelées.

GRATIOLA. Corolle bilabiée, inéperonnée.

G. officinalis.

Fleurs blanches, tube jaune.

PINGUICULA. Corolle bilabiée, éperonnée. Capsule indéhiscente.

P. vulgaris.

Corolle violet pâle. Capsule ovoïde.

P. lusitanica.

Corole rose pâle. Capsule globuleuse.

UTRICULARIA. Calice bisépale. Corolle bilabiée éperonnée. Pyxide.

U. vulgaris.
Quatre à douze fleurs. Stigmate hispide.

U. minor.
Deux à trois fleurs. Stigmate nu.

VERBENA. Corolle à cinq lobes inégaux, tube incurvé.

V. officinalis.
Fleurs d'un bleu clair.

LYCOPUS. Corolle quadrilobée, subrégulière. Tétrakène.

L. europæus.
Fleurs blanches, petites.

SALVIA. Corolle bilabiée, inéperonnée. Tétrakène.

S. pratensis.
Lèvre supérieure comprimée, grande.

S. sclarea.
Bractées grandes, colorées.

S. verbenaca.
Corolle dépassant peu le calice, lèvre supérieure non comprimée.

CENTRANTHUS. Cor. tubuleuse, éperonnée.

C. ruber.
Fleurs d'un beau rouge.

DIGYNIE.

ANTHOXANTHUM. Glume bivalve, uniflore.

A. odoratum.
Épis d'un jaune verdâtre.

TROISIÈME CLASSE.

TRIANDRIE.

MONOGYNIE.

VALERIANA. Corolle tubuleuse. Capsule couronnée.

V. dioica.
Feuilles radicales entières. Fleurs dioïques.

V. officinalis.
Feuilles radicales pinnatifides.

V. locusta.
Tige dichotome. Capsule non dentée.

V. dentata.
Fruit pyriforme, glabre, tridenté.

V. carinata.
Fruit naviculaire, creux d'un côté.

POLYCNEMUM. Corol.

nulle. Capsule indéhiscente, monosperme.

P. arvense.

Fleurs d'un blanc terne.

IRIS. Corolle hexapétale; stigmate pétaloïde.

I. pumila.

Hampe uniflore. Pétales barbus. Fleur bleue.

I. germanica.

Hampe multiflore. Pétales barbus. Fleurs d'un bleu pâle.

I. fœtida.

Petales nus. Fleurs d'un bleu terne.

I. pseudo-acorus.

Pétales nus. Fleurs jaunes.

I. lutescens.

Pétales barbus. Fleurs jaunes.

SCHŒNUS. Cal. squammeux, les inférieurs stériles. Akène nu ou environné d'arêtes. 83.

S. mariscus.

Feuilles à angles denticulés. Fruit nu.

S. nigricans.

Tige cylindrique. Fleurs en capitule, noirâtres.

S. compressus.

Tige triangulaire. Feuilles planes. Epis un peu comprimés.

S. albus.

Tige subtriangulaire. Feuilles sétacées. Fleurs blanchâtres.

S. fuscus.

Tige triangulaire. Feuilles sétacées. Panicule brunâtre.

CYPERUS. Cal. squammeux, distiques. Epis comprimés. Fruit nu.

C. longus.

Tige de deux à quatre pieds. Epilets rougeâtres.

C. flavescens.

Tige d'environ trois pouces; épilets jaunâtres.

C. fuscus.

Tige d'un pied au plus. Épilets noirâtres.

SCIRPUS. Calices squammeux, tous fertiles. Epis arrondis. Akène nu ou environné d'arêtes. 78.

S. palustris.

Tige simple, arrondie. Épi ovoïde, unique, terminal.

S. multicaulis.

Ecailles très-obtuses. Graine à cinq arêtes.

S. fluitans.

Tige rameuse. Épi unique. Akène nu.

S. lacustris.

Tige cylindrique, aphylle. Épilets nombreux à écailles ciliées.

S. setaceus.

Tige et feuilles sétacées. Deux ou trois épis non terminaux.

S. triqueter.

Tige triangulaire. Épilets latéraux non terminaux.

S. cyperoides.

Tige trigone; huit à douze épilets à écailles ciliées, tricuspides.

S. sylvaticus.

Feuilles très-larges. Pédoncules rameux ; épilets très-nombreux.

S. acicularis.

Tige d'environ trois pouces. Épi unique, extrêmement petit, de quatre à six fleurs.

ERIOPHORUM. Fruit environné de soies dépassant de beaucoup l'écaille calicinale. 76.

E. vaginatum.

Tige cylindrique. Épi unique, sans spathe.

E. latifolium.

Feuilles planes. Six à huit épis.

E. angustifolium.

Feuilles triangulaires, canaliculées. Pédoncules lisses ; cinq ou six épilets.

E. triquetrum.

Involucre de deux feuilles ; pédoncules scabres ; trois ou quatre épis.

E. vaillantii.

Feuilles triangulaires. Trois à cinq épis à aigrettes très-longues.

NARDUS. Glume nulle. Calice bivalve. Épi unilatéral. 75.

N. stricta.

Chaume d'environ six pouces.

DIGYNIE.

GLUME UNIFLORE.

MILIUM. Glume membraneuse, ventrue. Fleurs mutiques. 7.

M. effusum.

Panicule très-lâche. Stigmate simple.

STURMIA. Valves calicinales laciniées, velues, mutiques. Épi. 7.

S. minima.

Tige capillaire, haute de deux à trois pouces.

DIGITARIA. Fleurs polygames. Épis digités. 8.

D. sanguinalis.

Glume biflore. Quatre à six épis.

D. ambigua.

Glume biflore. Deux à trois épis.

D. stolonifera.

Glume uniflore, avec un rudiment de fleur.

STIPA. Arête torse, articulée, excessivement longue. 13.

S. pennata.

Arête plumeuse, d'environ dix pouces.

POLYPOGON. Glume et calice aristés. Panicule spiciforme. 14.

P. monspeliense.

Panicule serrée, très-barbue.

AGROSTIS. Calice bivalve ou univalve, mutique ou aristé. Panicule à fleurs très-petites. 14.

A. maritima.

Feuilles roulées, cylindriques. Panicule spiciforme. Calice mutique.

A. vulgaris.

Calice mutique, à valve interne, moitié plus courte que l'externe.

A. palustris.

Panicule resserrée. Glume hispide.

A. rubra.

Chaume non stolonifère. Glume carénée; calice univalve.

A. canina.

Chaume stolonifère. Calice univalve.

A. spica venti.

Calice subéquivalve; arête capillaire, extrêmement longue, droite.

A. melanosperma.

Panicule pauciflore. Glume trinervée. Cariopse noire.

A. ventricosa.

Glume à base renflée; calice univalve.

CALAMAGROSTIS. Calice à poils longs et soyeux à sa base ou sur ses valves. Panicule. 19.

C. arundinacea.

Feuill. planes. Cal. mutique.

C. lanceolata.

Feuill. roulées. Calice aristé.

C. arenaria.

Feuill. roulées. Cal. mutique.

ALOPECURUS. Calice univalve, à arête basilaire. Épi. 20.

A. pratensis.

Glume à valves adhérentes; calice pubescent.

A. agrestis.

Glume à valves adhérentes; calice glabre.

A. bulbosus.

Racine bulbeuse. Glume à valves libres.

A. geniculatus.

Racine fibreuse. Chaume coudé. Glume à valves libres.

PHLEUM. Glume à valves tronquées, mucronées. Épi. 22.

P. pratense.

Glume à valves comprimées, ciliées.

PHALARIS. Glume à valves entières, carénées; calice plus petit qu'elles, mutique. 23.

P. canariensis.

Glume glabre à valves ailées.

P. phleoides.

Glume légèrement ciliée.

P. arenaria.

Chaume de deux à quatre pouces. Glume à cils raides.

HORDEUM. Fleurs ternées. Glume à valves linéaires, aristées. Épi. 71.

H. vulgare.
Fl. toutes hermaphrodites.

H. distichum.
Fl. polygames; cariopses formant deux rangs plus saillans.

H. murinum.
Chaume flexueux. Glume ciliée.

H. secalinum.
Feuilles supérieures glabres. Glume ciliée.

H. maritimum.
Chaume flexueux. Glume non ciliée.

ROTTBOELLIA. Épi filiforme, à rachis articulé. 74.

R. incurvata.
Glume et calice à valves semilancéolées.

GLUME ORDINAIREMENT BI OU TRIFLORE.

PANICUM. Glume trivalve ou quadrivalve, biflore ou uniflore. 10.

P. miliaceum.
Glume non environnée de soies.

P. verticillatum.
Épi verticillé, interrompu, muni d'arêtes hispides.

P. viride.
Épi continu, muni de soies non hispides.

P. glaucum.
Feuilles glauques. Panicule spiciforme, offrant des soies rousses.

P. crus galli.
Panicule formée d'épis alternes; glume quadrivalve.

AIRA. Glume scarieuse; arête calicinale ordinairement basilaire.

A. cæspitosa.
Tige d'un à trois pieds. Feuilles planes. Arête dorsale.

A. flexuosa.
Feuilles capillaires, à ligule bifide, obtuse. Arête sétacée.

A. caryophyllea.
Chaume d'environ huit pouces. Ligule entière. Calice environné de poils.

A. canescens.
Arête claviforme, genouillée.

A. præcox.
Panicule serrée. Valve calicinale externe bifide; arête sétacée.

AVENA. Arête genouillée, insérée sur le dos de la valve calicinale externe. 28.

* *Fleurs polygames.*

A. lanata.
Arête courte, presque incluse, en crochet.

A. mollis.
Valves calicinales glabres; arête géniculée, saillante.

A. elatior.
Valves calicinal. pubescentes.

** *Fleurs hermaphrodites.*

A. flavescens.

Épilets petits, bi ou triflores, jaunes, aristés.

A. pratensis.

Feuilles glabres. Épilets solitaires, de quatre à six fleurs.

A. pubescens.

Feuilles pubescentes. Pédicelles terminés par des soies longues.

A. racemosa.

Épilets nombreux, biflores. Semenses lisses.

A. nuda.

Épilets triflores. Glume plus courte que les calices.

A. sativa.

Panicule pauciflore; épilets biflores.

A. fatua.

Valve calicinale à poils roux à sa base; arète tortillée.

SECALE. Glume à valves linéaires. Epi. 79.

S. cereale.

Valve calicinale externe, à dos et l'un des bords ciliés.

SESLERIA. Valve calicinale externe tridentée ou quadridentée. Épi. 35.

S. cærulea.

Épi ovoïde, bleu verdâtre.

MELICA. Fleurs polygames. Calice ventru, petit. Épi.

M. uniflora.

Pédicelles à un seul épilet glabre.

M. ciliata.

Valve calicinale externe ciliée.

ELYME. Glume imitant un involucre. Épilets géminés ou ternés.

E. arenarius.

Glume pubescente; calice mutique.

E. europæus.

Glume scabre, glabre; calice aristé.

GLUME ORDINAIREMENT MULTIFLORE.

ARUNDO. Fleurs polygames, environnées de poils longs et soyeux.

A. phragmites.

Pédicelles hispides. Glume ordinairement triflore.

A. nigricans.

Ligule velue. Glum. uniflore.

CYNOSURUS. Glume environnée d'une bractée pectinée. 35.

C. cristatus.

Épi alongé, à épilets de trois à cinq fleurs.

DACTYLIS. Calice à valves inégales, l'externe carénée, aristée. Panicule. 36.

D. glomerata.

Épilets agglomérés en masse.

I **FESTUCA.** Valves calicinales aiguës, ordinairement aristées ; arête terminale. Panicule. 37.

* *Feuilles roulées ou pliées.*

F. myurus.

Panicule spiciforme, unilatérale. Valve calicinale ext. hispidiuscule ; arête très-longue.

F. bromoides.

Ligule non membraneuse, maculée. Arête longue.

F. ovina.

Chaume filiforme, subtétragone. Panicule spiciforme. Arête plus courte que le calice.

F. heterophylla.

Chaume de deux pieds environ. Feuilles glabres. Arête aussi longue que le calice.

F. rubra.

Racine rampante. Feuilles pubescentes. Panicule lâche. Calice glabre.

F. duriuscula.

Feuilles canaliculées, pubescentes. Panicule lâche. Valve calicinale interne hispide.

F. glauca.

Gramen glauque. Panicule courte, lâche. Valve calicinale externe ciliée.

F. decumbens.

Ligule velue. Valve calicinale externe tridentée.

** *Feuilles planes.*

F. elatior.

Feuilles larges ; ligule membraneuse. Épilets de cinq à neuf fleurs aristées.

F. pratensis.

Feuilles sublinéaires. Épilets de huit à neuf fleurs mutiques. Panicule rameuse.

F. loliacea.

Panicule simple ; épilets distiques, de sept à onze fleurs mutiques.

F. inermis.

Ligule nulle. Épilets de huit à quinze fleurs.

BROMUS. Arête droite, naissant au-dessous du sommet de la valve calicinale.

B. secalinus.

Panicule de quatre à six pedicelles ordinairement à un seul épilet glabre.

B. mollis.

Nœuds et feuilles pubescens. Valve calicinale externe pubescente, scarieuse.

B. grossus.

Nœuds glabres. Épilets gonflés, pubescens.

B. multiflorus.

Épilets de huit à douze fleurs. Calice pubescent.

B. arvensis.

Panicule ample, à pédicelles très-longs, subglabres. Valve calicinale externe glabre.

B. pratensis.

Feuilles velues. Épilets lancéolés, glabres. Valve calicinale externe bidentée.

B. erectus.

Feuilles inférieures linéaires, canaliculées. Arête plus courte que le calice.

B. sterilis.

Épilets très-aplatis. Glume sétacée ; arête extrêmement longue, striée.

B. tectorum.

Feuilles toutes pubescentes. Épilets subcylindriques, pubescens. Arête plus longue que les valves.

B. hirsutus.

Gaînes inférieures à poils raides, renversés.

B. strigosus.

Chaume glabre, lisse. Feuilles glabres.

BRIZA. Calice naviculaire, obtus, scarieux, mutique. Panicule. 50.

B. major.

Panicule de deux à sept épilets.

B. minor.

Feuil. supérieure éloignée de la panicule; épilets nombreux.

B. virens.

Feuil. supérieure spatiforme.

POA. Calice à marges scarieuses, mutique. Panicule. 51.

* *Épilets de deux à quatre fleurs.*

P. annua.

Chaume de six pouces, comprimé. Pédicelles glabres.

P. scabra.

Chaume cylindrique. Feuilles larges, planes, scabres. Valve calicinale interne glabre.

P. pratensis.

Chaume et feuilles glabres, lisses ; ligule tronquée, courte. Pédicelles hispides ; duvet environnant le calice, très-long.

P. nemoralis.

Chaume de deux pieds, très-grêle. Gaînes lisses. Calice à valve interne entière, environné d'un duvet très-court.

P. bulbosa.

Chaume à base bulbiforme. Calice extraordinairement long.

P. violascens.

Feuilles très-étroites, courtes. Glume violette ; calice glabre.

P. cærulea.

Chaume à un seul nœud infère. Ligule pubescente. Calice à base nue.

P. airoides.

Glume totalement scarieuse, à valves obtuses, uninervées.

P. cristata.

Panicule spiciforme. Valve calicinale externe mucronée.

** *Épilets de trois à douze fleurs.*

P. rigida.

Chaume de huit pouces. Épilets de cinq à douze fleurs. Valve calicinale externe scabre, mucronée.

P. procumbens.

Chaume courbé. Valve cali-

FLORE

DE LA SEINE-INFÉRIEURE.

www.ingramcontent.com/pod-product-compliance
Ingram Content Group UK Ltd.
Pitfield, Milton Keynes, MK11 3LW, UK
UKHW020522180726
13839UKWH00005B/2247

9 782329 593944